ent
BEI GRIN MACHT SICH IHR WISSEN BEZAHLT

- Wir veröffentlichen Ihre Hausarbeit,
  Bachelor- und Masterarbeit

- Ihr eigenes eBook und Buch -
  weltweit in allen wichtigen Shops

- Verdienen Sie an jedem Verkauf

Jetzt bei www.GRIN.com hochladen und kostenlos publizieren

Erik Kurzke

Die nordamerikanische Stadt - Merkmale, Probleme, Prozesse

Eine Übersicht inklusive Stundenentwurf für eine 13. Klasse

GRIN Verlag

Bibliografische Information der Deutschen Nationalbibliothek:

Die Deutsche Bibliothek verzeichnet diese Publikation in der Deutschen National-
bibliografie; detaillierte bibliografische Daten sind im Internet über http://dnb.d-
nb.de/ abrufbar.

Dieses Werk sowie alle darin enthaltenen einzelnen Beiträge und Abbildungen
sind urheberrechtlich geschützt. Jede Verwertung, die nicht ausdrücklich vom
Urheberrechtsschutz zugelassen ist, bedarf der vorherigen Zustimmung des Verla-
ges. Das gilt insbesondere für Vervielfältigungen, Bearbeitungen, Übersetzungen,
Mikroverfilmungen, Auswertungen durch Datenbanken und für die Einspeicherung
und Verarbeitung in elektronische Systeme. Alle Rechte, auch die des auszugsweisen
Nachdrucks, der fotomechanischen Wiedergabe (einschließlich Mikrokopie) sowie
der Auswertung durch Datenbanken oder ähnliche Einrichtungen, vorbehalten.

Impressum:

Copyright © 2010 GRIN Verlag, Open Publishing GmbH
Druck und Bindung: Books on Demand GmbH, Norderstedt Germany
ISBN: 978-3-640-75593-6

Dieses Buch bei GRIN:

http://www.grin.com/de/e-book/161279/die-nordamerikanische-stadt-merkmale-
probleme-prozesse

GRIN - Your knowledge has value

Der GRIN Verlag publiziert seit 1998 wissenschaftliche Arbeiten von Studenten, Hochschullehrern und anderen Akademikern als eBook und gedrucktes Buch. Die Verlagswebsite www.grin.com ist die ideale Plattform zur Veröffentlichung von Hausarbeiten, Abschlussarbeiten, wissenschaftlichen Aufsätzen, Dissertationen und Fachbüchern.

Besuchen Sie uns im Internet:

http://www.grin.com/

http://www.facebook.com/grincom

http://www.twitter.com/grin_com

Ernst-Moritz-Arndt-Universität Greifswald
Institut für Geographie und Geologie

Hauptseminar
Thema:
„Ausgewählte Themen der Sek II"

WS 09/10

Hauptseminararbeit

Die nordamerikanische Stadt

Erik Kurzke
Lehramt Gymnasium
Geographie / Geschichte
7./8. Semester

Datum: 26.01.2010

Inhaltsverzeichnis

1. Einleitung 1

2. Die nordamerikanische Stadt 2

2.1. Aufbau 2

2.2. Merkmale 3
    2.2.1. Junges Alter 3
    2.2.2. Physiognomische Besonderheiten 4
    2.2.3. Funktionsverlust des CBD 4
    2.2.4. Entwicklung von Ghettos und Slums 5
    2.2.5. Gated Communities 5

2.3. Besondere Prozesse 6
    2.3.1. Massive Suburbanisierung der Wohnbevölkerung / Bildung von edge cities 6
    2.3.2. Invasion und Sukzession 8
    2.3.3. Gentrification 9
    2.3.4. Business Improvement Districts 10

2.4. Klassische Probleme der nordamerikanischen Stadt 11
    2.4.1. Fiskalische Probleme 11
    2.4.2. Infrastrukturprobleme 12
    2.4.3. Armut und Verfall von Stadtvierteln 13

3. Schlussbemerkung 15

4. Literaturverzeichnis 16

5. Anhang 16

1. Einleitung

Die nordamerikanische Stadt ist ein komplexes System aus vielen dynamischen Prozessen und Problemen. Es soll im Folgenden versucht werden, einen allgemein und lebhaften Überblick über Physiognomie und Prozesse dieses Stadttypen zu geben. Außerdem werden verschiedene Probleme erläutert, bspw. infrastrukturelle und fiskalische. Jedoch bestimmen die Menschen, die in ihr wohnen das Leben und letztendlich auch das Stadtbild. Somit ist es unabdingbar, einen gesellschaftlichen Einblick zu bekommen, speziell über Probleme wie Armut, sozialer Verfall und Viertelbildung (Ghettoisierung).

In Anbetracht des Rahmens dieser Arbeit lässt sich vermuten, dass sich kein ausführliches, detailliertes Bild der nordamerikanischen Stadt zeichnen lässt. Es gibt zu viele Elemente, die sich gegenseitig beeinflussen, sowohl negative, als auch positive. Somit werden viele verschiedene Elemente skizziert, sodass ein Bild dieser Komplexität des Systems entsteht.

Es handelt sich in der vorliegenden Arbeit um eine Referatsverschriftlichung im Rahmen des fachdidaktischen Hauptseminars „Ausgewählte Themen der Sek. II", geleitet von Frau Dr. Karin Richter. Das bedeutet, dass nicht nur der fachliche Teil wichtig ist, sondern ebenso der didaktische. Darum findet sich im Anhang ein Stundenentwurf für eine 13. Klasse für 90 Minuten mit allen Unterrichtsmaterialien. In diesem wird ebenso versucht, die Komplexität einer Stadt (New York) in den Vordergrund zu stellen, um einen gedanklichen Brückenbau in viele Großstädte der USA zu schlagen, d.h. es soll erkannt werden, dass viele dieser Eigenschaften in anderen US-amerikanischen Städten und nicht nur New York vorherrschen ohne dass man jede Stadt einzeln behandelt. „New York – Metropole mit Kontrasten" lautet das Stundenthema. Im Grunde ist es ein flexibel einsetzbares Stundenthema, dass jedoch wohl am besten im Rahmen der Behandlung der USA passt: „Die USA in der Weltwirtschaft". Bevor man die kontinentale und wirtschaftliche Rolle der USA behandelt, bietet sich ein Blick in das Leben einer nordamerikanischen Stadt an, auf dessen Erkenntniswert man gegebenfalls Städte anderer Regionen der Erde in folgenden Stunden vergleichen kann. Im Wesentlichen sollen die Schüler in einem Gruppenpuzzle (spezielle Form der Gruppenarbeit) die verschiedenen Prozesse und Probleme der nordamerikanischen Stadt erläutern.

2. Die nordamerikanische Stadt

Im Folgenden soll das Modell der nordamerikanischen Stadt genauer beschrieben und auf verschiedene Probleme hingewiesen werden. Die nordamerikanische Stadt wird mit dem Begriff „US-amerikanische Stadt" gleichgesetzt. Für einen kurzen Überblick über dieses Stadtmodell soll sich an dieser Stelle auf ausgewählte Merkmale, Probleme und Prozesse beschränkt werden.

2.1. Aufbau

Im Kern der nordamerikanischen Stadt (Modell) konzentrieren sich verschiedene Büros, Geschäfte und öffentliche Einrichtungen, wie Bibliotheken, Museen und das Rathaus. In diesem so genannten Central Business District (CBD) ist im Wesentlichen der Finanz- und Managementsektor vertreten.[1] In diesem zentralen Geschäftsviertel herrscht die größte Ballung von Gebäuden ohne Wohnfunktion vor und ist charakterisiert durch die höchste Dichte an Einzelhandelsgeschäften, Büros und Warenhäusern sowie einen zentralen Knotenpunkt, wo sich Verkehrs- und Transportlinien kreuzen. Dies hat zur Folge, dass sich im CBD auch viele Bus-Terminals, Bahnhöfe und Hotels finden (siehe Abb. 01).[2]

An den CBD anschließend beginnt die so genannte Übergangszone (zone in transition), in der für gewöhnlich eine gemischte Nutzung stattfindet. Verschiedene Merkmale dieser Zone sind Warenlager, Apartments, Spezialgeschäfte und ältere Wohnviertel. In dieser Zone finden sich außerdem Wohngebiete und Vororte unterschiedlicher Entstehungszeit, Sozialstruktur und ethnischer Zusammensetzung (siehe Abb. 01.) Man spricht hier auch von so genannten Ghettos bzw. Ghettoisierung (Viertelbildung), doch dazu soll später mehr in Bezug auf Prozesse der nordamerikanischen Stadt eingegangen werden.

An den Übergangsbereich knüpft sich das Stadtumland, oder einfach Umland. Hier ist besonders der Forschungs- und Entwicklungsbereich vertreten. Verschiedene Industrie- und Büroparks lassen sich vorfinden. Durch diese Verlagerung der Arbeitsplätze mit verstärkter Nachfrage der Wohnfunktion in Arbeitsplatznähe sind in den letzteren Jahren verstärkt so genannte Edge Cities (Randstädte, oder Trabantenstädte) entstanden, die mehr und mehr an

---

[1] Heineberg, Heinz: Einführung in die Anthropogeographie/Humangeographie, Paderborn 2003, S. 345.
[2] Knox, Paul L./Marston, Sallie A.: Humangeographie, Gebhardt, Hans/Meusburger, Peter/Wastl-Walter, Doris (Hrsgg.), 4. Aufl., Heidelberg 2008, S. 684.

Bedeutung gewinnen und einen Bedeutungsverlust des CBD nach sich ziehen.[3] Es entstehen am Rande dieses Umlandes weitere Apartments und Einzelhäuser, was das Wohnen am Stadtumland möglich macht, wie man in Abb. 01. nachvollziehen kann.

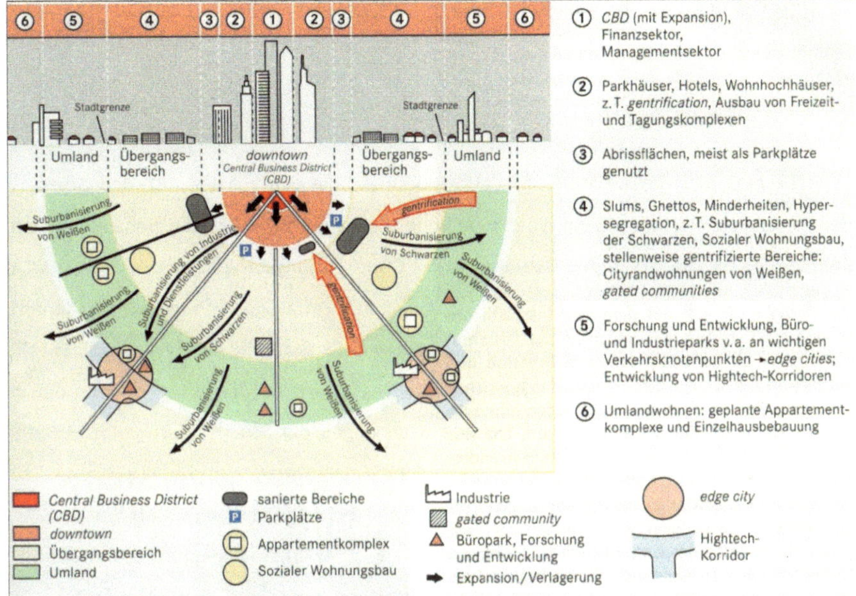

Abb. 01: Das Modell der US-amerikanischen Stadt: Quelle: Knox, Paul L./Marston, Sallie A.: Humangeographie, S. 685.

2.2. Merkmale

2.2.1. Junges Alter

Die nordamerikanische Stadt lässt sich anhand einschlägiger Merkmale gut charakterisieren. Zu allererst ist darauf hinzuweisen, dass es sich um eine vergleichsweise junge Stadt handelt,

---

[3] Knox, Paul L./Marston, Sallie A.: Humangeographie, S. 685.

deren Entwicklung erst im 17. Und 18. Jh. an der Ostküste der heutigen USA einsetzte und sich im Laufe der westwärts gerichteten Landerschließung nach 1820 fortführte. Nicht zuletzt ist dieser Prozess auf die verstärkte Industrialisierung und Einwanderung vieler Europäer im 18./19. Jh. zurückzuführen.[4]

2.2.2. Physiognomische Besonderheiten

Typische physiognomische Merkmale, also Merkmale, die sich auf den Auf- und Grundriss der Stadt beziehen, wären zum einen eine hohe Wolkenkratzer-/Hochhausbebauung in den Stadtkernen (besonders in den Downtowns mit CBD, seit jüngster Zeit jedoch auch stark in den Edge Cities vertreten). Zum anderen ist das schachbrettartige, orthogonale Straßennetz sehr bezeichnend für die US-amerikanische Stadt, was das Stadtbild relativ einförmig macht. Verkehrstechnisch gibt es jedoch noch mehrere Charakteristika, herrschen doch in der Innenstadt durch die hohe Arbeitsplatzdichte Belastungen der Straßen durch motorisierten Verkehr, der meist nur durch Eisenbahnlinien oder Diagonalstraßen entlastet werden kann.[5] Im Laufe der Flächensanierungen zwischen 1954 und 1974 entstanden im CBD bzw. im CBD-nahen Bereich große Flächen für den ruhenden Verkehr. Diese Parkplatzflächen nehmen heute zwischen rund einem Drittel und zweit Dritteln der jeweiligen Gesamtfläche ein.[6]

2.2.3. Funktionsverlust des CBD

Ein weiteres Merkmal ist, wie im Kapitel 2.1. bereits erwähnt, ein voranschreitender Funktionsverlust des CBD mit einer Bedeutungsverlagerung auf die Trabantenstädte (Edge Cities). Hier spielt besonders der Prozess der Bevölkerungssuburbanisierung eine Rolle, der u.a. Schrumpfung des CBD einen wirtschaftlichen Verfall und eine Überalterung der Bausubstanz verursacht. Diesem Funktionsverlust wird versucht, mit Revitalisierungsmaßnahmen in Form von neuen Bauprojekten und neuen Funktionalitäten entgegenzuwirken. Beispielsweise setzte in den letzten Jahrzehnten ein erneuter Hochhausboom (Office Building Boom) ein um die geringe Fläche, die im CBD zur Verfügung steht, möglichst wirtschaftlich effizient zu nutzen. Darüber hinaus entstehen in CBD-Nähe im Rahmen von Mega-Projekten neue Enter-

---

[4] Heineberg, Heinz: Einführung in die Anthropogeographie, S. 344.
[5] Heineberg, Heinz: Einführung in die Anthropogeographie, S. 344.
[6] Heineberg, Heinz: Einführung in die Anthropogeographie, S. 346.

tainment-Komplexe, z.B. Sportarenen und andere öffentliche Bauten wie Civic Center, Kongresszentren, Museen, Theater, Hotels und Luxus-Wohnanlagen, die so genannten „Gated Communities".[7] Durch diese oftmals architektonisch interessant gestalteten Projekte und eine praktischere Umgestaltung des Straßennetzes mit Fußgängerzonen und Erschließungsstraßen versucht man, das Stadtbild und somit das Image für die Bewohner attraktiver zu machen und sie wieder in den Stadtkern zu „locken", bzw. eine Abwanderung in das Umland zu verhindern. Nach außen hin versucht man, die Stadt auch mit anderen Städten konkurrenzfähig zu machen, indem man touristisch attraktive Elemente, bspw. Theater, Sportveranstaltungen oder Museen einbezieht. Ein weiterer Konkurrenzfaktor ist die Aufwertung zu einer „first class American city" und einem „Corporate Center", also einer Stadt mit der höchsten Konzentration von Konzernverwaltungen.[8]

2.2.4. Entwicklung von Ghettos und Slums

Ein bekanntes Merkmal der nordamerikanischen Stadt ist die Entwicklung von Ghettos und Slums in den an den CBD grenzenden Downtowns und im Übergangsbereich. Diese inselartig angeordneten Minderheitenviertel haben stets ein hohes Wachstum zu verzeichnen und sind geprägt von hoher Kriminalität, sozialem und baulichem Verfall (Slumbildung), Armut und Verwahrlosung. Der Begriff „Viertel" ist jedoch mittlerweile kaum noch zutreffend, da einige Ghettos z.B. in Washington D.C. mittlerweile knapp 40% des Stadtgebietes ausmachen. Insofern ist in der gegenwärtigen Forschung oftmals von „Hyper-Ghettos" die Rede.[9]

2.2.5. Gated Communities

Durch die Aufwertung der Innenstadt entstanden seit den 1980er Jahren verschiedene Formen von Gated Communities. Der Begriff stellt bereits heraus, dass es sich um abgeschlossene, meist bewachte Wohnanlagen handelt, zu denen man durch das „gate" (dt.: Tor) nur durch elektronische Kartenerkennung Zugriff hat. Im Allgemeinen bieten sie einer oberen Einkommensgruppe einen sicheres, suburbanes Milieu in Arbeitsplatznähe. In den USA leben mittlerweise schätzungsweise mehr als vier Mio. Menschen in Gated Communities. Die meist

---

[7] Heineberg, Heinz: Einführung in die Anthropogeographie, S. 346.
[8] Heineberg, Heinz: Einführung in die Anthropogeographie, S. 346.
[9] Heineberg, Heinz: Einführung in die Anthropogeographie, S. 348.

übereinstimmende Motivation dieser Communities, sich zu einem Viertel zusammenzuschließen, ist der Wunsch nach Sicherheit. Laut HEINEBERG sind sie die *„Antwort der gehobene weißen Mittelschicht auf Hyper-Ghettos und die Multikulturalisierung der Gesellschaft"*.[10]

2.3. Besondere Prozesse

2.3.1. Massive Suburbanisierung der Wohnbevölkerung / Bildung von Edge Cities

In den USA setzte bereits vor dem zweiten Weltkrieg ein Abwandern der Wohnbevölkerung vom Stadtinnern zum Stadtumland ein (Suburbanisierung), was sich im Laufe des 20. Jahrhunderts massiv verstärkte.[11] Dies hat eine Veränderung der Stadtlandschaft sowie der Raumfunktionen und –beziehungen zur Folge, wie man in Abb. 02. nachvollziehen kann.

---

[10] Heineberg, Heinz: Einführung in die Anthropogeographie, S. 348.
[11] Heineberg, Heinz: Einführung in die Anthropogeographie, S. 349.

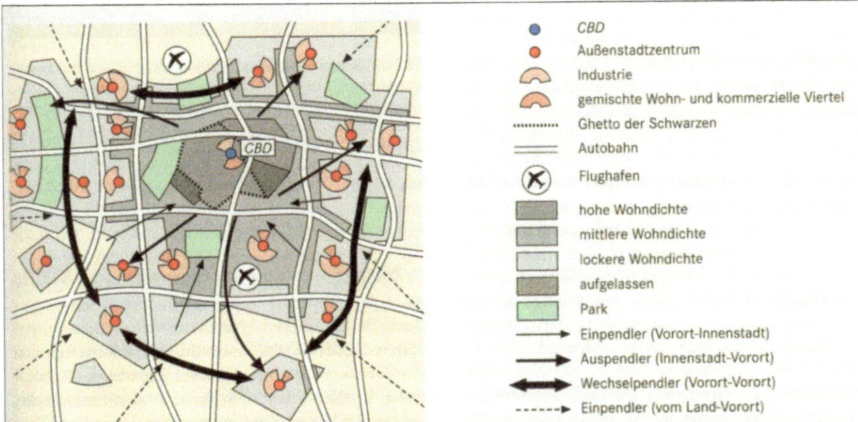

Abb. 02.: „Stadtland USA": Quelle: Knox, Paul L./Marston, Sallie A.: Humangeographie, S. 685.

Durch den Wettbewerb um städtischen Wohnraum der Ein- und Zuwanderungsgruppen und die Verlagerung der Arbeitsplätze werden dynamische Prozesse in Gang gesetzt, die nicht nur das Entstehen unterschiedlicher Viertel mit einer jeweils ganz eigenen Ökonomie sondern auch insbesondere eine Kern-Rand-Verlagerung zur Folge haben (Abb. 02.).[12] Neben der Wohnbevölkerung verlagern sich auch Industrie, Einzelhandel und Dienstleistung entlang der konzentrisch bzw. radial verlaufenden Verkehrsachsen und verursachen eine flächenmäßige Expansion des gesamten Stadtgebietes (Abb. 02.).[13] So entstanden in den letzten Jahrzehnten immer mehr Außenstadtzentren, die funktional sämtliche Merkmale von Städten aufweisen und deshalb als Edge Cities bezeichnet werden, die praktisch nur autoorientiert konzipiert sind und flächenmäßig oftmals die Fläche der Downtowns übertreffen[14]. *„Der früher dominante CBD (Central Business District) hat meist deutlich an Bedeutung verloren zu-*

---

[12] Knox, Paul L./Marston, Sallie A.: Humangeographie, S. 685.
[13] Knox, Paul L./Marston, Sallie A.: Humangeographie, S. 685.
[14] Knox, Paul L./Marston, Sallie A.: Humangeographie, S. 685.

gunsten von Außenstadtzentren, welche stärker untereinander als mit der Kernstadt verflochten sind [...]" (Abb. 02.).[15]

Die Edge Cities bestehen neben riesigen Parkanlagen größtenteils aus Shopping-Centern (funktional eher einem Entertainment-Komplex gleichend) sowie so genannten Industrial Parks, also Industrie-, Großhandel- und Lagerkomplexen.[16] Daran anschließend befinden sich häufig Büro- und Wohnanlagen. Die nordamerikanische Stadt, insbesondere die Edge Cities erfahren stetig einen hohen Zuwachs an tertiären und quartären Arbeitsplätzen. 1980 waren 57% der Büroflächen der USA in den Downtowns vertreten und in den Edge Cities 47%. Dieses Verhältnis hat sich bis heute deutlich umgekehrt. Durch diesen Zuwachs haben viele Trabantenstädte überregionale, teils kontinentale Bedeutung erlangt und somit die Downtowns hinsichtlich dieser Bedeutung längst überflügelt.[17] Seit den 1970ern zogen immer mehr Banken, Versicherungen, Investmentbetriebe und Kreditinstitute in die Randstädte, auch haben sich mehrere Corporate Headquarters (Hauptquartiere von Großfirmen) seit den 1980er Jahren dort angesiedelt. Neben der steigenden Nutzung der Fläche durch Bürogebäude im sub- und exurbanen Raum und den verstärkten Zuzug vieler Unternehmen und Arbeitern ist ein Ansteigen der Bodenpreise zu verzeichnen, was wiederum dazu führt, dass Hochhäuser gebaut werden um die Fläche wirtschaftlich sinnvoll zu nutzen. Somit erfährt die Physiognomie vieler Trabantenstädte eine Veränderung hin zu einer eigenen Skyline.[18]

2.3.2. Invasion und Sukzession

Viele ethnische und soziale Gruppen bestanden aus Einwanderern, die sich vorwiegend in den Übergangszonen der nordamerikanischen Städte ansiedelten. Die finanzielle Not veranlasste Gruppen gleicher Herkunft bzw. Nationalität in billige Wohnviertel zusammen zu ziehen. Aus der weiteren Konzentration der Gruppen auf die jeweiligen Stadtgebiete entstand im Laufe der Zeit eine Anpassung dieser Viertel an die Ansprüche dieser Bevölkerungsgruppen, bspw. war es für sie möglich, ihre Synagogen und Kirchen, die gewohnten Restaurants, Bäckereien, Tavernen usw. zu besuchen und sich in ihrer Muttersprache zu verständigen, was ihnen das Gefühl von innerer Sicherheit gab. Diese Einwanderer trafen auf afroamerika-

---

[15] Knox, Paul L./Marston, Sallie A.: Humangeographie, S. 685.
[16] Heineberg, Heinz: Einführung in die Anthropogeographie, S. 350.
[17] Heineberg, Heinz: Einführung in die Anthropogeographie, S. 350.
[18] Heineberg, Heinz: Einführung in die Anthropogeographie, S. 350.

nische Migranten aus dem Süden, die ebenfalls ihre eigenen Gemeinschaften prägten usw. („rassische Segregation").[19]

In den Gemeinschaften waren erste, zweite und dritte Generationen vertreten, wobei oftmals die dritte und vierte Generation mit dem neuen Umfeld aufwuchsen und mit der Zeit nicht so sehr den Wunsch nach innerer Sicherheit verspürten wie ihre Eltern und Großeltern.[20] So zogen immer mehr jüngere Menschen, sofern es ihnen möglich war, in besser bezahlte Siedlungen um den alten Umgebungen zu entfliehen, wobei die frei gewordenen Wohnungen nun von neuen Einwanderern bezogen wurden. Somit werden Wanderungsprozesse, z.B. der Prozess der Invasion und Sukzession in Gang gesetzt, die auch noch heute aktuell sind.

Der Prozess der Invasion und Sukzession bezeichnet die Ablösung einer sozialen oder ethnischen Gruppe von einer anderen. Dies hat zur Folge, dass die verdrängte ihrerseits wieder in ein anderes Stadtgebiet eindringt und eine andere Gruppe „verdrängt", wodurch sich ein wellenförmiger Prozess in Gang setzt, dessen Entwicklung eine vermehrte Viertelbildung des Stadtgebietes bewirkt.[21] Man muss sich vor Augen halten, dass die Grundlage dieses Prozesses die Neigung der verschiedenen Gemeinschaften und Nationalitäten ist, miteinander in Verbindung zu bleiben. Dies kann verschiedene Ursachen haben: zum einen der Wunsch nach innerer Sicherheit und den anderen Vorteilen (wie oben beschrieben), zum anderen wegen der Diskriminierung, die sie von außen erfahren. Aus diesen Motivationen heraus besteht ein Zusammenhalt zwischen den Menschen, der eine Verschiebung bzw. Verteilung ganzer Viertel wie ein „Flickenteppich" über das Stadtgebiet bewirkt. Bekannte Beispiele wären China- und Koreatowns, Little Italy oder afroamerikanische Viertel.[22] Bisher war der Prozess der Invasion und Sukzession ein ausschließlich nach außen gerichteter Prozess. Im Laufe des 20. Jahrhunderts, als die Zuströme von Migranten und Einwanderern stark zurückgingen, setzte ein entgegengesetzter, nach innen gerichteter Prozess ein.

2.3.3. Gentrification

Der Prozess der Gentrifizierung (engl.: Gentrification) bezeichnet schlichtweg eine Aufwertung innenstadtnaher Wohnviertel.[23] Darunter versteht man das *„Eindringen besser verdie-*

---

[19] Knox, Paul L./Marston, Sallie A.: Humangeographie, S. 684.
[20] Knox, Paul L./Marston, Sallie A.: Humangeographie, S. 684.
[21] Knox, Paul L./Marston, Sallie A.: Humangeographie, S. 686.
[22] Knox, Paul L./Marston, Sallie A.: Humangeographie, S. 686.
[23] Knox, Paul L./Marston, Sallie A.: Humangeographie, S. 686.

nender Haushalte in ältere, zentrumsnahe Arbeiterwohnviertel, die aufgrund ihrer zentralen Lage und der niedrigen Preise sowie ihres besonderen Flairs wegen neue Wertschätzung genießen."[24] Konkret muss man sich die Aufwertung sowohl durch bauliche Veränderungen (Renovierungen) als auch eine damit einhergehende Verbesserung der Wohn- und Lebensverhältnisse, basierend auf den Zuzug der besser verdienenden Einkommensgruppe, vorstellen. Zuerst kommen so genannte „Pioniere" in die inneren Stadtteile um alternative Lebensformen auszuprobieren, im Laufe der Zeit ziehen die „Gentrifier" hinterher um das nun interessante Stadtviertel zu beziehen.[25]

Das Wohnen wird unter diesen Voraussetzungen für besser verdienende Haushalte aus der Mittel- und Oberschicht wieder attraktiv, meist für kinderlose Ein- und Zweipersonenhaushalte. Diese werden in der Literatur oft als „Yuppies" (young urban professionals) oder „Dinks" (double-income-no-kids-Haushalte) beschrieben.[26] Ein Nebeneffekt ist die Verdrängung alt eingesessener Haushalte aus den unteren Einkommensgruppen.[27]

2.3.4. Business Improvement Districts

Das Modell der Business Improvement Districts (BID) ist ein *„Instrument der Revitalisierung und Stärkung innerstädtischer Geschäftsbereiche"*[28]. Es handelt sich hierbei um die Gestaltung stark abgegrenzter Bereiche der Innenstadt, deren Erneuerung von privaten Investoren, z.B. Einzelhändlern oder Grundeigentümern und nicht von der Kommunal- bzw. Stadtverwaltung ermöglicht wird. Das Modell hat seine Wurzeln in Kanada (Toronto), wo sie von Gewerbebetreibenden initiiert wurde. Es ist eine Mischung aus Eigeninitiative, Selbstverpflichtung und Public-Private-Partnership (PPP). In den USA wurde dieses Prinzip in den 1980ern erprobt und später durch Gesetze verstärkt und weiterentwickelt. Konkret steckt hinter dem Konzept, dass gestalterische Maßnahmen in diesem abgegrenzten Bereich selbst bestimmt werden die ausschließlich auf dem Prinzip der Selbstorganisation und Selbstfinanzierung beruhen. Letzteres wird durch feste Abgaben, die von den Grundeigentümern mit den örtlichen Behörden vorher abgestimmt werden müssen, ermöglicht. In Deutschland gibt es mitt-

---

[24] Knox, Paul L./Marston, Sallie A.: Humangeographie, S. 686.
[25] Knox, Paul L./Marston, Sallie A.: Humangeographie, S. 687.
[26] Heineberg, Heinz: Einführung in die Anthropogeographie, S. 348.
[27] Knox, Paul L./Marston, Sallie A.: Humangeographie, S. 686.
[28] Knox, Paul L./Marston, Sallie A.: Humangeographie, S. 688.

lerweile auch BID's, nur werden sie dort als „Immobilien- und Standortgemeinschaften" beschrieben.[29]

2.4. Klassische Probleme der nordamerikanischen Stadt

Viele Probleme der US-amerikanischen Stadt bestehen aus einem engen Zusammenhang von fiskalischen, infrastrukturellen und finanziellen Problemen, die sich gegenseitig belasten. Dieser „Teufelskreis" hat seine Wurzeln im fortschreitenden, durch Armut bedingten baulichen und gesellschaftlichen Verfall vieler Viertel. Im Folgenden wird versucht, wesentliche Elemente dieser Spirale kurz und prägnant zu beschreiben.

2.4.1. Fiskalische Probleme

Der Begriff fiskalisch bezieht sich auf Steuern, wobei mit „fiskalischen Problemen" oftmals das Problem der „Steuerflucht" beschrieben wird.[30] Die Suburbanisierung und die mit der damit einhergehenden Dezentralisierung bewirken für die innenstadtnahen Bereiche Probleme, genügend Steuereinnahmen zu erzielen um notwendige Ausgaben, bspw. für die Verbesserung der Infrastruktur oder der öffentlichen Dienstleistung zu ermöglichen. Die Einnahmen sinken stetig während die Kosten steigen. Viele Anlagen (Straßen, Wasser- und Abwasserleitungen, Nahverkehrssysteme) in den Stadtzentren sind teilweise noch aus dem 19. Jahrhundert und haben dringend Reparaturen nötig. Dazu kommt, dass in den Zentren viele ältere und dürftige Menschen wohnen, die über den Sozialdienst betreut und versorgt werden, welcher ebenfalls bezahlt werden muss. Einkommensschwache Haushalte belasten zusätzlich das Steuer- und Sozialsystem.[31]

Weitere Ausgaben sind für die im Rahmen der Revitalisierungsmaßnahmen des CBD-Bereiches nötig (siehe Kapitel 2.2.3.), bspw. für den Bau und Unterhalt der Museen, Sportanlagen, Parks, aber auch des Verkehrswesens und der Polizei. Die Verwaltungen dieser Stadtbezirke haben also ständige finanzielle Probleme. Durch touristische Attraktionen (wie Ausstellungen, Sportveranstaltungen, Konferenzen etc.) versucht man rettende Einnahmen zu erzielen. Da viele Städte, speziell Stadtzentren der USA diese Probleme haben und versu-

---

[29] Knox, Paul L./Marston, Sallie A.: Humangeographie, S. 688.
[30] Knox, Paul L./Marston, Sallie A.: Humangeographie, S. 687.
[31] Knox, Paul L./Marston, Sallie A.: Humangeographie, S. 687.

chen, Einnahmen zu erzielen, ist ein harter, überregionaler Wettbewerb über das touristische Angebot und die Attraktivität der Innenstadt entstanden.[32]

2.4.2. Infrastrukturprobleme

Wie in Kapitel 2.4.1. bereits angedeutet sind viele Straßen, Brücken, Gas- und Wasserleitungen, Kanalisationen und Stromleitungen etc. in einem miserablen Zustand und stehen teilweise schon „kurz vor dem Kollaps".[33] Dadurch entstehen hohe Kosten für Reparatur- und Erneuerungsarbeiten. Ca. 50-66% aller Städte der USA sind unfähig, zukunftsorientiert zu investieren, solange diese Anlagen nicht erneuert sind.[34] In Boston sind 75% der Abwasserkanäle noch aus dem 19. Jh., wobei 20% dieses Abwassers durch Lecks in den Leitungen versickern und ins Grundwasser gelangen. In New York sind Hunderte Kilometer Wasserleitungen in einem kritischen Zustand, sodass sie theoretisch unbedingt neu verlegt werden müssten. Doch die Kosten dafür schätzte man 2004 auf ca. 5 Milliarden Dollar - zu viel für die Bezirksverwaltungen.[35] In den gesamten USA sind 50% aller Abwassersysteme zu 80% ausgelastet, ab diesem Schwellenwert dürfen keine weiteren Benutzer an diese Leitungen angeschlossen werden.[36] Durch die alten, teilweise undichten Systeme gelangen viele Chemikalien, Öle und Phosphate in das Trinkwasser, wobei viele Aufbereitungsanlagen noch aus Zeiten vor dem ersten Weltkrieg stammen. Dies hat zur Folge, dass ca. ein Drittel der nordamerikanischen Städte mit verunreinigtem Trinkwasser versorgt werden und somit 8 Mio. Menschen potentiell gesundheitlich gefährdet sind.

Doch die Infrastruktur ist in der Tat wichtig für die Gesundheit, Lebensqualität und v.a. aber auch Sicherheit der Bevölkerung, somit sind auch die Ausgaben in diesen Sektor von hoher Priorität.

---

[32] Knox, Paul L./Marston, Sallie A.: Humangeographie, S. 686.
[33] Knox, Paul L./Marston, Sallie A.: Humangeographie, S. 687.
[34] Knox, Paul L./Marston, Sallie A.: Humangeographie, S. 688.
[35] Knox, Paul L./Marston, Sallie A.: Humangeographie, S. 688.
[36] Knox, Paul L./Marston, Sallie A.: Humangeographie, S. 688.

2.4.3. Armut und Verfall von Stadtvierteln

In den vergangenen Jahren hat der Verfall vieler Stadtviertel bedingt durch die vorherrschende Armut deutlich zugenommen. Auch dieses Problem ist nicht losgelöst von fiskalischen Problemen sowie der Suburbanisierung von Firmen und Haushalten zu betrachten.

Der Teufelskreis beginnt bei den zahlreichen Haushalten mit geringem Gehalt, die sich minderwertige Wohnungen suchen müssen. Dadurch kommt es zur Überbelebung, was einen starken Verschleiß nicht nur der Wohnungen, sondern auch der Parks, Schulen und Infrastruktur zur Folge hat. Somit entsteht auch hier ein großer Bedarf für den Erhalt dieser Einrichtungen, der jedoch oft aufgrund der schlechten finanziellen Situation vernachlässigt wird. Der Grund ist, dass es sich die Haushalte nicht leisten können und wiederum die Eigentümer keinen Anreiz haben zu investieren.[37] Das ganze Viertel leidet letztendlich unter den schlecht verdienenden Haushalten. Der Einzelhandel muss die Preise anpassen, erzielt jedoch in den meisten Fällen kaum Gewinn, d.h. kein Geld für Reparaturen oder Verbesserungen geschweige denn Miete. Somit müssen viele Einzelhändler schließen in der Hoffnung, einen Nachmieter zu finden. Findet sich keiner, so ist meist eine Verlagerung des Gewerbes in ein anderes Stadtgebiet und damit die Aufgabe des gesamten Haushaltes der Eigentümer notwendig.[38] Viele geschlossene, leerstehende Läden und Gewerbe prägen das Bild der innenstadtnahen Bereiche nordamerikanischer Städte.

Durch die armutsbedingte schlechte Ernährung kommt noch eine gesundheitliche Dimension dazu. Dies führt oft zu Krankheitsfällen, was ein Fehlen an der Schule und Arbeitsstätte nach sich ziehen kann, wobei letzteres dazu führt, dass notwendige Einnahmen durch die Arbeitskraft ausbleiben.[39]

Die Verarmung wird darüber hinaus auf die nächsten Generationen übertragen, verursacht durch persönliche Probleme, schlechten Umgebung des Viertels und geringem Einkommen. Die miserable Arbeits- und Ausbildungssituation spiegelt sich in den Zuständen der örtlichen Schulen wider. Die Gebäude sind heruntergekommen, es gibt wenige Lern- und Lehrmaterialien, sodass auch viele Lehrer es vorziehen, woanders ihrem Beruf nachzugehen. Verstärkt wird die Abneigung einiger Lehrer, dort zu unterrichten, durch das unattraktive soziale Umfeld und der Aussicht auf geringes Gehalt. Die Folgen für die Kinder und Jugendlichen liegen

---

[37] Knox, Paul L./Marston, Sallie A.: Humangeographie, S. 688.
[38] Knox, Paul L./Marston, Sallie A.: Humangeographie, S. 689.
[39] Knox, Paul L./Marston, Sallie A.: Humangeographie, S. 689.

auf der Hand: schlechte Ausbildungen führen zu geringen Chancen, einen Beruf zu lernen, geschweige denn solch einen Beruf zu bekommen, der ihnen geregeltes und gute Einkommen ermöglicht, um eventuell eines Tages aus dem „Armutsviertel" wegzuziehen. Somit sind viele Menschen durch die schlechte Ausbildung und anderen Auswirkungen der Armut wie in einer Falle gefangen. In vielen Fällen führt die Armut hin zur Obdachlosigkeit, die das Bild vieler Viertel in den USA prägt. Seit den vergangenen Jahren betrifft dies auch vermehrt Frauen und Kinder.

3. Schlussbemerkung

Einen Stadttypen bzw. ein Stadtmodell mit seinen Eigenschaften zu beschreiben und nebenbei einen Blick auf konkrete Prozesse und Probleme der Realität bezüglich des Zusammenlebens der Menschen, die darin wohnen, zu erläutern, konnte sich im Rahmen dieser Arbeit nur auf eine Skizzierung beschränken. Es wurde jedoch versucht, ein lebhaftes Bild zu zeichnen, dass einem Einblicke in die Lebensweise dieses großen und komplexen Systems der nordamerikanischen Stadt bietet.

Viele Probleme und Prozesse bedingen und belasten sich gegenseitig, sodass man schnell den Überblick verlieren kann, wo man die Gründe vieler Probleme zu suchen hat. Angefangen von den Einwanderern aus Europa und deren Viertelbildung hinzu Invasion und Sukzession, die weitere Viertelbildungen bedingen, welche wiederum Gegenbewegungen verursachen (Gentrifizierung) bis hin zu finanziellen Nöten der Innenstädte, die sich auf Infrastruktur und Gesellschaft auswirken, kann der rote Faden des Lebens in der US-amerikanischen Stadt nur angedeutet werden. Durch das Anschneiden vieler wichtiger Elemente wurde die Komplexität dieses Systems verdeutlicht. Natürlich hätte man auf viele Dinge näher eingehen können, bspw. verdeutlicht sich die Armut noch in vielen anderen Bereichen des Lebens dieser Menschen. Viele werden aufgrund ihrer Herkunft aus armen Vierteln stigmatisiert und haben von vornherein schlechte Chancen, diesem „Ruf" zu entkommen, obwohl sie oftmals nichts dafür können. Ebenso führt eine Viertelbildung aufgebaut auf nationalistischen und religiösen Gemeinsamkeiten und dem Bedürfnis nach innerer Sicherheit eine selbstgewollte rassische Segregation und im Zusammenhang mit Vorurteilen und Stigmatisierung letztendlich zum Rassismus vieler Bewohner. Auch die Rolle der Kriminalität, Korruption und der Bildung von Banden bestimmt den Alltag vieler Städte. Jedoch sind diese Auswirkungen keine Spezifika der US-amerikanischen Städte, sondern lassen sich ebenso in vielen anderen Regionen der Welt finden.

Somit wurde versucht, einen allgemeinen Überblick über Geschichte, Physiognomie, Prozesse und Probleme speziell der nordamerikanischen Stadt zu geben.

4. Literaturverzeichnis

Hahn; Roland: New York. Weltstadt und Stadt der Kontraste, in: Neumann-Mayer, Ulrike-Petra (Hrsg.): Geographie heute. Themen, Modelle, Materialien für die Unterrichtspraxis aller Schulstufen. Sammelband Städte, 1998, S. 72-77.

Heineberg, Heinz: Einführung in die Anthropogeographie/Humangeographie, Paderborn 2003.

Kerncurriculum für die Qualifikationsphase der gymnasialen Oberstufe für Mecklenburg-Vorpommern, Fach: Geographie, 2006.

Knox, Paul L./Marston, Sallie A.: Humangeographie, Gebhardt, Hans/Meusburger, Peter/Wastl-Walter, Doris (Hrsgg.), 4. Aufl., Heidelberg 2008.

5. Anhang

- Lektionsentwurf
  - o Stundenziele
  - o Teilziele / Teilergebnisse
  - o Methodischer Ablauf (Unterrichtsgestaltung)
  - o Tafelbild
- Folie „Idealtypischer Aufbau einer nordamerikanischen Stadt"
- Texte und Aufgabenblätter für Gruppe 1-4

Lektionsentwurf

Name: Erik Kurzke
Klasse: 13
Unterrichtsstunde: 1. Stunde
Zeit: 45 Min.

Rahmenplanthema: Die USA in der Weltwirtschaft

Stundenthema:
- lehrerorientiert: Merkmale, Prozesse und Probleme der nordamerikanischen Stadt am Fallbeispiel New York
- schülerorientiert: New York – Metropole mit Kontrasten

Stundenziel:

Kognitiv:
Die Schüler lernen New York als eine „Metropole der Kontraste" kennen. Sie können ihr Vorwissen über den Aufbau und die Merkmale nordamerikanischer Städte übertragen und untersuchen die Stadt New York auf bestimmte Prozesse und Probleme. Sie lernen wesentliche Indikatoren New Yorks, die zur Entwicklung zu einer Weltstadt beigetragen haben, kennen. Sie stellen verschiedene Aspekte der Kontrastierung heraus und erläutern diese. Sie bewerten die Kontrastierung verschiedenster Bereiche der Stadt in Hinblick auf Problempotentiale und wissen, dass diese Verhältnisse, Probleme und Prozesse auch auf viele andere Großstädte, v.a. nordamerikanische Städte übertragbar sind. Sie lernen verstehen, dass viele Probleme der nordamerikanischen Städte ihre Ursachen im Prozess der Suburbanisierung finden.

Instrumental:

Durch den Umgang mit Texten wird das verstehende Lesen gefestigt. Anhand eines idealtypischen Aufbaus einer Stadt (Folie) können die Schüler wesentliche Merkmale einer nordamerikanischen Stadt herausstellen und beschreiben. Durch dieses Arbeiten am Modell und auch in der Gruppenarbeit wird die Methodenkompetenz geschult.

Affektiv:

Die Schüler bewerten die Ghettobildung als „Fluch und Segen". Dadurch wird Multiperspektivität und Empathie geschult. Das Gruppenpuzzle fördert darüber hinaus Selbst- und Sozialkompetenzen, indem sich die Schüler sowohl als „Experten" als auch als einen „gleichwertigen Teil" einer Gruppe verstehen, wobei Meinungsäußerungen und Kritikfähigkeiten in gruppeninternen bzw. klasseninternen Diskussionen trainiert werden.

Unterrichtsmittel:	Abkürzungen:
- Tafel - Folie 1 (Idealtypischer Aufbau einer nordamerikanischen Stadt) - Arbeitsblätter (Gruppenpuzzle) - Lied (mp3-Player): Frank Sinatra – New York, New York	AnSt: Arbeit am neuen Stoff TZ: Teilziel E: Ergebnis (Teilergebnis) UG: Unterrichtsgespräch SST: Selbstständige Schülertätigkeit LV: Lehrervortrag SV: Schülervortrag HA: Hausaufgabe GA: Gruppenarbeit

Teilziele/Ergebnisse:

Teilziele	Ergebnisse

TZ 1
Die Schüler <u>vermuten</u>, warum New York auch als „Metropole der Kontraste" bezeichnet wird. Sie <u>nennen</u> Merkmale und <u>erläutern</u> den Aufbau einer nordamerikanischen Stadt.
	E 1:
	Vermutungen:
	- Schüleroffene Antworten
	- Mögliche Antworten: „Schere zw. Arm und Reich, in kultureller Hinsicht, Ghettoisierung, Arbeitsmarkt etc.
	Merkmale:
	- junges Alter, Hochhausbau, schachbrettartiges Straßennetz, Parkplatzbau in downtowns, Suburbanisierung, Ghettos, „hochwertiger DL-Sektor", Funktionsverlust der CBD etc.
	Aufbau:
	  o Das CBD: zentrales Geschäftsviertel
	    ▪ Geschäfte, Büros, wichtige öffentli. Einrichtungen, Bibliotheken, Museen, Rathaus
	    ▪ Höchste Dichte an Einzelhandelsgesch., Büros und Warenhäusern
	    ▪ Größte Ballung v. Geschäften / Wohnraum
	    ▪ Zentraler Knotenpunkt f. Transport- und Verkehrslinien (Bus, Bahn, Hotels)
	  o Übergangszone (zone in transition)
	    ▪ Zone gemischter Zone
	    ▪ Warenlager, Gewerbebetriebe, kleine Fabriken, Spezialgeschäfte, Apartmenthäuser, ältere Wohnviertel, Slums, Minderheitenviertel, gated communities etc.
	  o Umland (suburbs)
	    ▪ Forschung und Entwicklung, Büro- Industrieparks, edge cities etc.

TZ 2 Die Schüler <u>erklären</u> die Prozesse: Suburbanisierung, Gentrifizierung, Prozesse, die zur Polarisation des Arbeitsmarktes und Wohnungsmarktes führen. Sie <u>erläutern</u> die Entwicklung New Yorks zur Weltstadt und	**E 2** Prozesse: Suburbanisierung: Abwandern der besser verdienenden Haushalte ebenso der Versorgungseinrichtungen sowie gewerblichen und Dienstleistungseinrichtungen vom Inland ins Stadtumland. Gentrifizierung: Die Aufwertung älterer Wohnstraßen durch den Zuzug besser verdienender Haushalte bezeichnet man als Gentrifizierung (engl. Gentry = niederer Adel und wohlhabendes Bürgertum in England)

<u>diskutieren</u>, ob die Ghettoisierung Fluch und Segen sein kann.	P. d. Arbeitsmarktes: - Viele Großverwaltungen von Unternehmen, Produktionsbetriebe wegen der hohen Miet-, Verkehrs- und Lebenserhaltungskosten abgezogen - Vorhanden sind noch viele Klein- und Mittelbetriebe im Verlags- und modebezogenen Textilbereich - Zustrom von Einwanderern (potentielle Arbeit in Niedriglohnsegmenten) P.d. Wohnungsmarktes: - Die „Business-Elite" wohnt entweder im suburbanen Umland oder zunehmend in attraktiven Appartments und Studios auf Manhatten. - Andererseits wächst mit steigender Arbeitslosigkeit und anhaltender Zuwanderung die Armut in der Innenstadt → Folgen… New Yorks Entwicklung zur Weltstadt: - Besondere Lage / Hafen am Atlantik - Günstiger Verkehrsknotenpunkt am Hudson River - Dadurch Einwanderer → Industriestadt → Finanzmetropole → Ausbau der Kommunikationssysteme
TZ 3 Die Schüler <u>wenden</u> die gelernten Inhalte <u>an</u> und <u>erklären</u>, inwiefern New York eine „Metropole der Kontraste" ist. Sie <u>beschreiben</u> Probleme, die sich aus diesen Kontrasten ergeben könnten.	**E 3** Kontraste in - kultureller, arbeits- und wohnmarkttechnischer, - rassisch, ethnischer Hinsicht →weitere Aspekte (?) Probleme: Mögliche Antworten: weitere Verarmung, „Steuerflucht", Obdachlosigkeit, Belastung der Infrastruktur- und Sozialsysteme etc. (offene Schülerantworten) Diskussion Ghettoisierung: Fluch oder Segen: (Schüleroffene Antworten)

Unterrichtsgestaltung

Zeit	Didaktische Glie-derung	Inhaltliche Schwer-punkte	Methodische Gestaltung	Medien
8:45 – 8:50 Uhr (5')	MO	New York, Merkmale (Hochhäuser, Ghettos, Armut, Manhatten, Finanzzentrum etc.)	**LI:** Brainstorming: „Was fällt euch ein, wenn ihr an New York denkt?" (im Hintergrund spielt Musik: Frank Sinatra – New York, New York)	MP3-Player, Tafel
8:50 – 8:51 Uhr (1')	ZO (Reaktivierung)	„Metropole der Kontra-ste"	**LI:** „Heute lernen wir New York als Metropole der Kontraste kennen" (Überschrift an Tafel) **UG heuristisch:** - 1. . „Vermutet, warum die Stadt auch ‚Metropole der Kontraste' genannt wird!"	Tafel
8:51 – 8:58 Uhr (7')	TZO (Reaktivierung)	CBD, Übergangsbereich, Umland, etc. **E 1**	**LI:** „Bevor wir gemeinsam Kontraste herausstellen, fassen wir wichtige Merkmale der nordamerikanischen Stadt im Allgemeinen zusammen!" **UG katechetisch** 1. „Erläutert den Aufbau einer nordamerikanischen Stadt!" (mündl.) 2. „Nennt wichtige Merkmale einer nordamerikanischen Stadt!" (mündl.)	Folie 1: „Idealtyp. Aufbau"
8:58 – 9:00 Uhr (2')	Anst TZO	Erklärung „Gruppen-puzzle"	**SST** **GA** „Erarbeitet in Gruppen jeweils verschiedene Merkmale und Probleme der Stadt New York! Dies wollen wir in einem so genannten Gruppenpuzzle herausarbeiten. Jede Grup-pe besteht aus vier Mitgliedern, wobei jedes Mitglied ein anderes Thema bearbei-tet. Nach 5 Minuten treffen sich die Schüler, die dasselbe Thema hatten, an einem gesonderten Tisch in so genannten „Expertengruppen" und fassen die wichtigsten Punkte zusammen. Nach 5 Minuten geht es zurück in die Stammgruppen und jeder „Experte" erläutert seinen Gruppenmitgliedern seine Inhalte so, dass sich jeder zu jedem Thema Aufzeichnungen in sein Heft machen kann!" (L teilt Gruppen ein)	Falls nötig an Tafel skizziert (vorber.)

Zeit				
9:00 – 9:05 Uhr (5')	Anst		SST GA (Stammgruppen)	ABs
9:05 – 9:10 Uhr (5')	Anst.		SST GA (Expertengruppen)	ABs
9:10 – 9:23 Uhr (13')	Anst	E 2	SST GA (Stammgruppen)	ABs
9:23 – 9:29 Uhr (6')	Einpräg. (anwen-den), Transfer	E 3	UG heuristisch: 1. „Erläutert, warum New York als Metropole der Kontraste bezeichnet wird!" 2. Nennt Probleme, die sich aus diesen Kontrasten ergeben könnten! 3. Ist die Ghettoisierung Fluch oder Segen? Diskutiert!"	
9:29 – 9:30 Uhr (1')	(ZO)		LI: „In der nächsten Stunde erarbeiten wir weitere Probleme und Prozesse der nordamerikanischen Stadt!"	
9:30 Uhr			Verabschiedung	

New York – Metropole der Kontraste

Gruppenpuzzle:

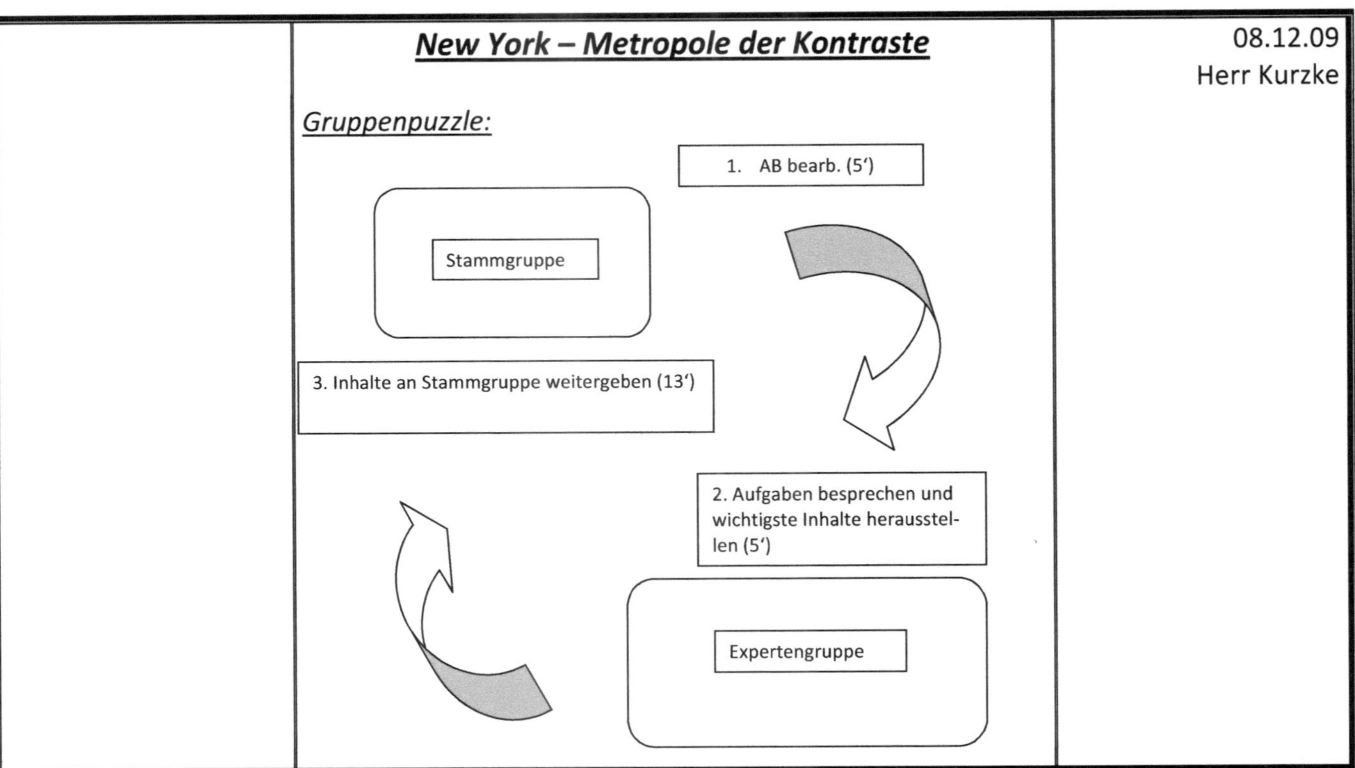

Folie 1:

Idealtypischer Aufbau einer nordamerikanischen Stadt

Aufgaben:

1. Nennt wichtige Merkmale einer nordamerikanischen Stadt!
2. Erläutert den Aufbau einer nordamerikanischen Stadt!

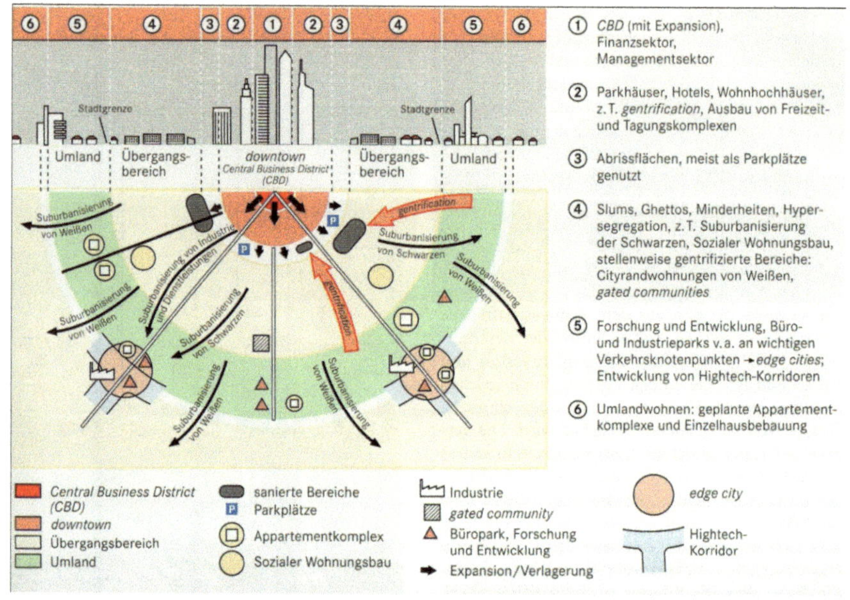

Quelle: Knox, Paul L./Marston, Sallie A.: Humangeographie, Gebhardt, Hans/Meusburger, Peter/Wastl-Walter, Doris (Hrsgg.), 4. Aufl., Heidelberg 2008, S. 685.

Gruppe 1)

Aufgaben:
1. Erkläre den Prozess der Suburbanisierung!
2. Erläutere die Entwicklung New Yorks zur Weltstadt!

New York – Geschichte, Geographie, Entwicklung

New York ist von der Insel Manhatten ausgehend zur Millionenstadt herangewachsen; bereits 1898 sind die damaligen Counties Bronx, Queens, Brooklyn und Staten Island eingemeindet worden und bilden damit heute noch die Kernstadt New York City. Seit den 20er Jahren , vor allem seit den 50er Jahren zogen die besser verdienenden Haushalte ins Umland, ebenso wurden die Versorgungseinrichtungen sowie gewerbliche und Dienstleistungseinrichtungen dorthin verlegt (Suburbanisierung).
Heute breitet sich die Stadt 60-80 km weit ins Umland aus und damit in die Staaten New York, Connecticut und New Yersey. Die Agglomeration umfasst über 19 Mio. Menschen; sie wird als Metropolitangebiet bezeichnet [...].
New York verdankt diese enorme Entwicklung z.T. auch seiner besonderen Lage. Hafengunst am Atlantik und ein günstiger Verkehrsweg am Hudsonfluss in Binnenland machten New York seit 1825 zum Einwandererhafen, dann zur größten Industriestadt der USA und damit zur nationalen Finanzmetropole. Aber erst die Internationalisierung der Informationen durch die weltweiten Kommunikationsnetze hat New York zur Weltstadt gemacht und zu sozioökonomischen und baulichen Disparitäten geführt.

Quelle: Hahn; Roland: New York. Weltstadt und Stadt der Kontraste, in: Neumann-Mayer, Ulrike-Petra (Hrsg.): Geographie heute. Themen, Modelle, Materialien für die Unterrichtspraxis aller Schulstufen. Sammelband Städte, 1998, S. 72-77, hier 72.

Gruppe 2)

Aufgaben:
1. Erläutere die Prozesse, die zur Polarisation des Arbeitsmarktes in New York führen.
2. Erklärt, inwiefern sich die vielfältigen Kontraste New Yorks auch in der Arbeitsmarktsituation widerspiegeln!

New York - Polarisierung des Arbeitsmarktes

Neben dem Finanzkomplex gilt die Polarisierung des Arbeitsmarktes als weiteres Kennzeichen der Weltstadtzugehörigkeit. Allein im Umfeld der Kapitalbörse sind 90.000 Spezialisten tätig, bei den Auslandsbanken 25.000. In den größten Anwalts- und Unternehmensberatungsberüs der USA, die hier in New York konzentriert sind, arbeiten weitere Tausende von Spezialisten. Viele Großverwaltungen von Unternehmen sowie Produktionsbetriebe sind aus New York, insbesondere aus Manhatten, wegen der hohen Miet-, Verkehrs- und Lebenserhaltungskosten abgezogen und damit viele gut verdienende Mittelschichthaushalte mit ihrer Kaufkraft und ihrem Steueraufkommen.
Vorhanden sind noch viele Klein- und Mittelbetriebe im Verlags- und modebezogenen Textilbereich. Diese nutzen zunehmend die Unterbeschäftigten und Arbeitslosen, wobei die Löhne immer mehr nach unten gedrückt werden. Der anhaltende Zustrom von Einwanderern, seit den 60er Jahren vermehrt aus der Karibik und anderen Ländern Lateinamerikas, sowie aus Asien (Chinesen, Koreaner, Vietnamesen u. a.), stellt permanent ein Heer von potentiellen Arbeitskräften. Die noch vorhandenen produzierenden Kleinbetriebe in den Sektoren Druck und Textil nutzen den speziellen Markt der Weltstadt: die Verlage und Modedesigner als Auftraggeber und die billigen Einwanderer als Arbeitskräfte- Außerdem benötigt der „Business- und Elitesektor" eine wachsende Zahl von Arbeitskräften in den Bereichen Reinigung, Wachpersonal und sonstigen Service.
Der Arbeitsmarkt zeigt also zwei dynamische Sektoren: die hochwertigen Dienstleistungen (Wissensträger, Spezialisten) und die einfachen schlecht bezahlten Dienste sowie die schlecht bezahlten Arbeiten in den Kleinbetrieben [...].

Quelle: Hahn; Roland: New York. Weltstadt und Stadt der Kontraste, in: Neumann-Mayer, Ulrike-Petra (Hrsg.): Geographie heute. Themen, Modelle, Materialien für die Unterrichtspraxis aller Schulstufen. Sammelband Städte, 1998, S. 72-77, hier 72-73.

Gruppe 3)

Aufgaben:
1. Erklärt den Prozess der Gentrifizierung!
2. Erläutert, inwiefern sich die vielfältigen Kontraste New Yorks auch in der Wohnungsmarktsituation widerspiegeln!

New York – Polarisierung des Wohnungsmarktes

Die Arbeitsmarktdifferenzierung äußert sich auch im sozialen und damit im Wohnungsbereich: Die „Business-Elite" wohnt entweder im suburbanen Umland oder zunehmend in attraktiven Appartments und Studios auf Manhatten. Vor allem die Yuppies (young urban professionals) und die Dinks (double income, no kids) bevorzugen die Neubau- oder die modernisierten Altbauwohnungen der Innenstadt- Die Aufwertung älterer Wohnstraßen bezeichnet man als Gentrifizierung (engl. Gentry = niederer Adel und wohlhabendes Bürgertum in England).
Andererseits wächst mit steigender Arbeitslosigkeit und anhaltender Zuwanderung die Armut in der Innenstadt: Die Anzahl der unter der Armutsgrenze lebenden Haushalte ist zwischen 1970 und 1992 von 10% auf 22% gestiegen, ebenso die Zahl der allein Erziehenden Mütter und die der Obdachlosen. Diese Haushalte können marktgerechte Mieten nicht bezahlen, die Hauseigentümer renovieren nicht mehr, die Bausubstanz verfällt. Viele Gebäude, ganze Wohnstraßen werden so unbewohnbar – es entstehen Slums.

Quelle: Hahn; Roland: New York. Weltstadt und Stadt der Kontraste, in: Neumann-Mayer, Ulrike-Petra (Hrsg.): Geographie heute. Themen, Modelle, Materialien für die Unterrichtspraxis aller Schulstufen. Sammelband Städte, 1998, S. 72-77, hier 73.

Gruppe 4)

1. Erläutert, inwiefern sich die vielfältigen Kontraste New Yorks auch in der Kultur widerspiegeln!
2. Die Ghettobildung in nordamerikanischen Großstädten kann Fluch und Segen sein. Diskutiert diese These!

New York – Kulturelle Vielfalt

Als weiteres Kennzeichen einer Weltstadt gilt die so genannte „kosmopolitische Grundstruktur" mit rassisch-ethnisch differenzierten Gruppen und Personen. Im „Elite-Sektor" kommen viele Spezialisten aus anderen Industriestaaten zum Arbeiten nach New York, auch im sozial niedrigen Sektor sorgt die anhaltende Zuwanderung für einen Zustrom von Menschen aus Lateinamerika, Asien und Osteuropa. Die dadurch entstehende „kosmopolitane" Atmosphäre ist direkt erlebbar in den Künstlervierteln, den ethnisch differenzierten und segregierten Stadtteilen wie Chinatown, Little Italy, Harlem oder Koreaner Wohnvierteln.
Die kulturelle Attraktivität New Yorks liegt jedoch besonders im hochrangigen Gefüge von kulturellen Einrichtungen wie Museen, Theater, Konzerthallen, Kinos und anderen speziellen Unterhaltungseinrichtungen begründet.

Quelle: Hahn; Roland: New York. Weltstadt und Stadt der Kontraste, in: Neumann-Mayer, Ulrike-Petra (Hrsg.): Geographie heute. Themen, Modelle, Materialien für die Unterrichtspraxis aller Schulstufen. Sammelband Städte, 1998, S. 72-77, hier 73.